GPM Deutsche Gesellschaft
für Projektmanagement e. V.

Projektifizierung 2.0

Zweite Makroökonomische Vermessung der Projekttätigkeit in Deutschland

EBS Universität für Wirtschaft und Recht
Prof. Dr. Andreas Wald
Christoph Schneider

GPM Deutsche Gesellschaft für Projektmanagement e. V.
Prof. Dr. Yvonne Schoper †
Prof. Dr. Peter Thuy
Clemens Hartmann

Kontakt

Clemens Hartmann
GPM Deutsche Gesellschaft für Projektmanagement e. V.
Am Tullnaupark 15
90402 Nürnberg

Hinweis:

Werden Personenbezeichnungen aus Gründen der besseren Lesbarkeit lediglich in der männlichen oder weiblichen Form verwendet, so schließt dies das jeweils andere Geschlecht mit ein.

GPM Deutsche Gesellschaft für
Projektmanagement e. V.

Projektifizierung 2.0

Zweite Makroökonomische Vermessung der Projekttätigkeit in Deutschland

UVK Verlag · München

Umschlagabbildung: © ElenVD iStockphoto

Bibliografische Information der Deutschen Nationalbibliothek
Die Deutsche Nationalbibliothek verzeichnet diese Publikation in der Deutschen Nationalbibliografie; detaillierte bibliografische Daten sind im Internet über http://dnb.dnb.de abrufbar.

DOI: https://doi.org/10.24053/9783381102624

– ein Unternehmen der Narr Francke Attempto Verlag GmbH + Co. KG
Dischingerweg 5 · D-72070 Tübingen

Internet: www.narr.de
eMail: info@narr.de

CPI books GmbH, Leck

ISBN 978-3-381-10261-7 (Print)
ISBN 978-3-381-10262-4 (ePDF)
ISBN 978-3-381-10263-1 (ePub)

Inhalt

Vorwort 7

Management Summary 9

1 Einleitung 11

1.1 Motivation und Zielsetzung 11
1.2 Konzeptioneller Rahmen 12
1.3 Der zugrunde gelegte Projektbegriff 14
1.4 Auswahlverfahren und Datenerhebung 15
1.5 Strukturmerkmale der Stichprobe und der Befragten 17

2 Ergebnisse der Befragung 25

2.1 Umfang der Projekttätigkeit in Deutschland 25
2.2 Projekterfolg in der deutschen Wirtschaft 30
2.3 Intensität der Projektarbeit in Deutschland 33
2.4 Die Projektlandschaft in Deutschland 37

3 Resümee 45

Fragebogen zur Studie - „Makroökonomische Vermessung der Projekttätigkeit in Deutschland II" 47

Literaturverzeichnis 53

Abbildungsverzeichnis 55

Tabellenverzeichnis 56

Vorwort

Vor nunmehr zehn Jahren hat die GPM Deutsche Gesellschaft für Projektmanagement e. V. die erste Studie zur Vermessung der Projektwirtschaft in der Bundesrepublik Deutschland in Auftrag gegeben. Diese bestätigte den allseits vermuteten Umstand, dass Projekte einen wesentlichen Beitrag zu Wertschöpfung und Wohlstand in unserer Gesellschaft beitragen. Seitdem haben sich Wirtschaft und Gesellschaft deutlich verändert. Flüchtlingskrise, Coronakrise und der Ukrainekrieg beeinflussen das Gemeinwesen nachhaltig. Die Herausforderungen der Digitalisierung oder der Energiewende rufen dabei ebenso nach effektivem und effizientem Projektmanagement wie die zur Gestaltung der Energiewende notwendigen Veränderungen. Daher hatten sich die GPM und ihr Kooperationspartner, die EBS Universität für Wirtschaft und Recht, entschlossen, in einer zweiten Studie zu messen, inwieweit sich die Projektifizierung der Wirtschaft weiterentwickelt hat und ob die 2015 aufgestellten Prognosen im Hinblick auf diese Entwicklung Bestätigung fänden.

Forschungsdesign und Messmethoden wurden beibehalten, die statistische Darstellung verfeinert und die Messung in bewährter Form durch standardisierte Befragung vorgenommen. Dass es im Ergebnis nicht zu dem 2015 prognostizierten Wachstum des Anteils der Projektwirtschaft gekommen ist, mag zwar zunächst verwundern, schmälert aber nicht die Bedeutung der Projektwirtschaft. Denn zum einen wird noch immer mehr als jede dritte Arbeitsstunde in Projekten verbracht, zum anderen ist die Entwicklung gerade der letzten drei Jahre vermutlich nicht typprägend für den künftigen Verlauf der untersuchten Entwicklung. Dies ist nicht zuletzt daraus abzulesen, dass auch diesmal die Befragten vermuten, dass sie in Zukunft zum Teil deutlich mehr Wertschöpfung aus projektgebundenen Vorhaben generieren werden.

Leider konnte die Studie nicht in gleicher personeller Konstellation wie 2014 abgeschlossen werden, da wir durch den plötzlichen Tod von Prof. Dr. Yvonne Schoper die Impulsgeberin und wesentliche inhaltliche Treiberin der Studie verloren haben. Die Autoren haben sich gleichwohl bemüht, das Projekt im Sinne von Yvonne Schoper zu Ende zu führen. Ihr gebührt posthum die Anerkennung, auch diese zweite Auflage auf Seiten der GPM maßgeblich befördert und beeinflusst zu haben. Ihr Einsatz für die Projektwirtschaft bleibt uns Auftrag und Verpflichtung.

Prof. Dr. Peter Thuy
Präsident der GPM Deutsche Gesellschaft für Projektmanagement e.V.

Nürnberg, im Mai 2023

Management Summary

Ziel der vorliegenden Studie war es, die Pilotstudie von 2013 (GPM 2015a) nach nunmehr 10 Jahren zu wiederholen, um Veränderungen der Projektifizierung in der deutschen Wirtschaft zu erfassen und zu analysieren. Dabei sollten auch Restriktionen hinsichtlich der Stichprobenzusammensetzung aus der ersten Studie überwunden werden. Diese Ziele wurden mit einer Befragung von 730 deutschen Unternehmen aller zehn Wirtschaftsbereiche umgesetzt. Im Rahmen der ersten Studie war nur in sechs Wirtschaftsbereichen gemessen worden, darüber hinaus wurden in der aktuellen Studie für drei Wirtschaftsbereiche auch die Teilbranchen gemessen.

Das Kernergebnis der aktuellen Studie lautet, dass im Jahr 2022 der Anteil der Projekttätigkeit gemessen an der Gesamtarbeitszeit in Deutschland 34,5 % umfasste, was einem Beitrag von 1.204 Mrd. Euro an der gesamten Bruttowertschöpfung entspricht.

Mit diesem Wert kann das Ergebnis von 2013 bestätigt werden, das einen Anteil von 34,7 % ausgewiesen hatte und damit fast exakt auf der gleichen Höhe lag, wie in der aktuellen Studie. Damit kann auch die Güte des Messkonzepts und des zugrundeliegenden Erhebungsdesigns bestätigt werden.

Allerdings konnte die damalige Prognose, die einen Anstiegs der Projekttätigkeit auf über 40 % vorsah, nicht bestätigt werden, was möglicherweise auf das Erreichen eines Sättigungsgrades hinweisen könnte, schließlich lassen sich nicht alle Tätigkeiten in Projekten abwickeln.

Weitere zentrale Ergebnisse der Studie sind, dass inzwischen deutlich weniger zentrale Projektorganisationen existieren als noch 2013. Dies könnte möglicherweise neben den Folgeerscheinungen der Corona-Pandemie (mobiles Arbeiten, Digitalisierung) auch ein Grund dafür sein, dass Projekte in der aktuellen Studie deutlich weniger erfolgreich sind als noch 2013. Eine weitere Herausforderung besteht auch darin, definierte und ausdifferenzierte Karrierepfade zu etablieren. Diese sind nur in den wenigsten Unternehmen implementiert.

1 Einleitung

1.1 Motivation und Zielsetzung

Es ist häufig von einer „Projektifizierung" der Wirtschaft, d. h. einer branchenübergreifenden Zunahme von Projektarbeit in Unternehmen, zu lesen (Sydow et al. 2004; Whitley 2006; Jalkala et al. 2009; Rump und Schabel 2010; Hanisch und Wald 2011; Jacobsson und Jalocha 2021). Allerdings wurde das Ausmaß der Projekttätigkeit in deutschen Unternehmen, insbesondere im Vergleich zur gewöhnlichen, nicht-projektförmigen Arbeit, auf volkswirtschaftlicher Ebene bis 2013 nicht systematisch untersucht. Mit der GPM-Studie „*Makroökonomische Vermessung der Projekttätigkeit in Deutschland*" wurde diese Forschungslücke geschlossen und das Ausmaß der Projekttätigkeit in der gesamten deutschen Wirtschaft umfassend, d. h. branchen- und projektartenübergreifend, erfasst. In dieser Studie wurde ein Maß eingesetzt, das die Projektifizierung als Verhältniszahl abbildet: Der Anteil der Projektarbeit an der Gesamtarbeit in einer Organisation. Dieses Messkonzept ermöglicht eine einheitliche Messung der Projekttätigkeit auf Unternehmensebene und lässt sich einfach auf die Ebene der einzelnen Wirtschaftsbereiche sowie der gesamten Volkswirtschaft aggregieren. Auf dieser Basis wurde das Ausmaß der Projekttätigkeit mit einer Stichprobe von 500 Unternehmen gemessen. Für Deutschland ergab sich im Jahr 2013 ein Projektifizierungsgrad von 34,7 %. Dies bedeutet, dass über ein Drittel der Arbeit in der gesamten Volkswirtschaft (inklusive öffentlichem Sektor) in Projekten geleistet wird. Die These der zunehmenden Projektifizierung der deutschen Wirtschaft konnte eindeutig bestätigt werden.

Die von der GPM initiierte Studie wurde auch international vielbeachtet und in Norwegen und Island mit ähnlichen Ergebnissen repliziert (Wald et al., 2016, Schoper et al., 2018). Nach nunmehr zehn Jahren und gravierenden wirtschaftlichen, sozialen und politischen Veränderungen sollte die Studie für Deutschland wiederholt werden, um zu prüfen, wie sich der Projektfizierungsgrad insgesamt, aber auch branchenspezifisch, entwickelt hat.

Wie in der ersten Studie sollte das etablierte Maß – der Anteil der Projektarbeit an der Gesamtarbeit – differenziert nach einzelnen Branchen erhoben werden, um einen validen Vergleich mit den früheren Ergebnissen durchführen zu können. Allerdings hatte die damalige Studie einige – bewusst in Kauf genommene – Restriktionen, die mit der vorliegenden Folgestudie überwunden werden sollen: Aufgrund von Kosten-Nutzen-Erwägungen wurden in der ersten Studie vier von zehn Wirtschaftsbereichen auf der Basis von Interviews mit Branchenexperten geschätzt. Die Werte dieser Wirtschaftsbereiche haben von daher – auch wenn sie in der Tendenz stimmig sein dürften – eine relative Unschärfe. In der vorliegenden Folgestudie sollen nun auch diese Wirtschaftsbereiche quantitativ gemessen werden. Aus dem gleichen Grund wurde das sehr heterogene Produzierende Gewerbe, das eine Vielzahl von Teilbranchen unterschiedlicher Natur, wie Nahrungsmittelherstellung, Mineralölverarbeitung, Maschinen- oder Fahrzeugbau etc. umfasst, nicht separat in seinen Teilbranchen erhoben. Auch um diesen Punkt wurde die aktuelle Studie erweitert und die Subbranchen als eigenständige Stichproben berücksichtigt. Auch die Wirtschaftsbereiche Öffentliche Dienstleister, Erziehung, Gesundheit sowie Handel, Verkehr, Gastgewerbe wurden als eigenständige Stichproben berücksichtigt.

Mit dem Einbezug der vier ursprünglich nur geschätzten Wirtschaftsbereiche und der Aufschlüsselung der drei Bereiche Produzierendes Gewerbe, Öffentliche Dienstleister, Erziehung, Gesundheit und Handel, Verkehr, Gastgewerbe in ihre Teilbranchen soll die Messgenauigkeit im Vergleich zur Pilotstudie von 2013 erhöht werden. Schließlich sollen durch eine periodische Wiederholung der Messung die Validität der Ergebnisse erhöht und das Ablesen genauerer Entwicklungen ermöglicht werden.

1.2 Konzeptioneller Rahmen

Da eine direkte Messung der Projekttätigkeit ähnlich wie beispielsweise bei Kenngrößen der volkswirtschaftlichen Gesamtrechnung (Bruttowertschöpfung, Bruttoinlandsprodukt etc.) nicht möglich ist, wurde in der Studie von 2013 ein konzeptioneller Rahmen entwickelt, mit dem eine makroökonomische Messung der Projekttätigkeit ermöglicht werden sollte (vgl. GPM 2015a). Die verschiedenen identifizierten Ansätze und Kennzahlen wurden in der damaligen Studie in einer explorativen Vorstudie mit mehreren Experten aus Unternehmen verschiedener Größenklassen und Wirtschaftsbereichen diskutiert und validiert.

Im Kern ging es um zwei unterschiedliche Möglichkeiten, wie der Umfang der Projekttätigkeit gemessen werden kann: entweder über ein Input- oder aber über ein Output-orientiertes Verfahren. Allerdings offenbart das Output-orientierte Verfahren erhebliche Herausforderungen, die in der Heterogenität der Projektoutputs begründet liegen. So hat z. B. der Output eines Produktionsprojekts völlig andere Eigenschaften als der eines F&E- oder eines Change-Projektes. Da diese Herausforderungen einer objektiven Messung des avisierten Gegenstandes mittels Output-orientierter Kennzahl entgegenstehen, hatten wir uns für die Verwendung eines Input-orientierten Ansatzes entschieden, d. h. für eine Messung der Aufwendungen für Projekte im Vergleich zu den gesamten Aufwendungen. Als Inputgrößen kommen hierfür z. B. monetäre Aufwendungen, Aufwendungen für Material ebenso in Betracht wie der Anteil der Arbeitszeit, der über alle Mitarbeiter hinweg in Projekte investiert wird. Die Kennzahl „Anteil der Arbeitszeit" hat insbesondere den Vorteil, dass mögliche intervenierende Faktoren wie z. B. unterschiedliche Entlohnungssysteme, unterschiedlicher Umfang des Materialeinsatzes usw. keinen verzerrenden Einfluss nehmen können.

Die eigentliche Messung des Umfangs der Projekttätigkeit in Deutschland erfolgt nun in drei Schritten: (1) Mithilfe einer geschichteten Zufallsstichprobe wird eine vorab festgelegte Anzahl von Unternehmen aus allen Wirtschaftsbereichen (nach WZ2008)[1] u. a. nach dem Anteil der insgesamt geleisteten Arbeitszeit in Projekten im Unternehmen befragt. (2) Anschließend wird der prozentuale Anteil der Arbeitszeit in Projekten in den einzelnen Wirtschaftsbereichen als Durchschnittswert berechnet. (3) Auf Basis der Volkswirtschaftlichen Gesamtrechnung (VGR) 2022 werden abschließend der jeweilige durchschnittliche Anteil der Projekttätigkeit in einem Wirtschaftsbereich mit dem Anteil des Wirtschaftsbereiches an der Bruttowertschöpfung in Deutschland gewichtet.

1 Statistisches Bundesamt 2007.

1.3 Der zugrunde gelegte Projektbegriff

In der explorativen Vorstudie von 2013 wurden nicht nur der konzeptionelle Rahmen entworfen, sondern zugleich auch eine begriffliche Klärung insbesondere des Begriffs „Projekt“ herbeigeführt. Dazu wurde zunächst der in der DIN 69901 Norm definierte Projektbegriff zugrunde gelegt und anschließend so adaptiert, dass diese Definition unabhängig von verschiedenen Kontexten intersubjektive Messergebnisse ermöglicht und außerdem für eine standardisierte telefonische Breitenbefragung praktikabel ist (d. h. prägnant, kurz, verständlich):

Ein Projekt ist ein Vorhaben, das im Wesentlichen durch die *Einmaligkeit der Bedingungen in ihrer Gesamtheit* gekennzeichnet ist, d. h.:

- Für das Projekt existiert eine *konkrete Zielvorgabe.*
- Das Projekt ist *zeitlich* (Anfang & Ende) *begrenzt.*
- Das Projekt benötigt spezifische *Ressourcen* (z. B. finanziell, personell, ...).
- Es existiert eine *eigenständige Ablauforganisation*, die sich von der Standardorganisation im Unternehmen abgrenzt.
- In Projekten werden *nicht routinemäßige* Aufgaben bearbeitet.
- Das Projekt hat eine *Mindestdauer von vier Wochen.*
- Das Projekt besteht aus *wenigstens drei Teilnehmern.*

Abb. 1: Die zugrunde gelegte Definition des Begriffs „Projekt“

1.4 Auswahlverfahren und Datenerhebung

Auf Grundlage der konzeptionellen Vorarbeiten und der begrifflichen Klärungen wurde ein standardisierter Fragebogen und ein adäquates Auswahlverfahren entwickelt. Als Schichtkriterien wurden dabei die zehn Wirtschaftsbereiche nach WZ2008 und die Unternehmensgröße zugrunde gelegt. Die standardisierte Erhebung selbst wurde mittels einer telefonischen Erhebung (CATI = Computer Assisted Telephone Interviews) durchgeführt, bei der im Zeitraum vom November 2022 bis Februar 2023 730 Unternehmen befragt wurden. Vor der eigentlichen Erhebung wurde ein Pre-Test durchgeführt, mit dem die intersubjektive Validität und die Qualität des Erhebungsinstrumentes getestet wurden.

Auf Basis der erarbeiteten Begriffsdefinitionen und Messinstrumente wurde im Zeitraum zwischen November 2022 und Februar 2023 eine telefonische Befragung in allen zehn Wirtschaftsbereichen sowie in weiteren Teilbranchen von drei Wirtschaftsbereichen durchgeführt (vgl. Tab. 1).

Wirtschaftsbereiche nach WZ 2008	Unternehmensgröße		
	bis 500 Mitarbeiter	**über 500 Mitarbeiter**	**Gesamt**
(1) Produzierendes Gewerbe (ohne Baugewerbe)	**140**	**140**	**280**
Nahrungs-/Genussmittel	*20*	*20*	*40*
Textilien/Bekleidung	*20*	*20*	*40*
Pharma-/Chemie-/Petrochemische Industrie	*20*	*20*	*40*
Elektrotechnik	*20*	*20*	*40*
Maschinenbau	*20*	*20*	*40*
Fahrzeugindustrie	*20*	*20*	*40*
Herstellung sonstiger Waren	*20*	*20*	*40*
(2) Öffentliche Dienstleister, Erziehung, Gesundheit	**30**	**28**	**58**
Öffentliche Dienstleister	*10*	*10*	*20*
Erziehung	*10*	*10*	*20*
Gesundheit	*10*	*8*	*18*
(3) Handel, Verkehr, Gastgewerbe	**33**	**30**	**63**
Handel	*11*	*10*	*21*
Verkehr	*10*	*10*	*20*
Gastronomie	*12*	*10*	*22*
(4) Sonstige Dienstleister	**25**	**25**	**50**
(5) Finanz- und Versicherungsdienstleister	**25**	**24**	**49**
(6) Information und Kommunikation	**25**	**25**	**50**
(7) Unternehmensdienstleister	**25**	**25**	**50**
(8) Grundstücks- und Wohnungswesen	**25**	**25**	**50**
(9) Baugewerbe	**25**	**25**	**50**
(10) Land- und Forstwirtschaft, Fischerei	**15**	**15**	**30**
Gesamt	***368***	***362***	***730***

Tab. 1: Geschichtetes Zufallsauswahlverfahren

1.5 Strukturmerkmale der Stichprobe und der Befragten

Unternehmensgröße nach Anzahl der Mitarbeiter

In der geschichteten Stichprobe war festgelegt worden, dass 50 % der Unternehmen maximal 500 und weitere 50 % über 500 Mitarbeiter haben sollten. Konkret hatten die befragten Unternehmen im Durchschnitt 1.258 Mitarbeiter, wobei zwei Größencluster auffallen (vgl. Abb. 2): Unternehmen bis zu 50 Mitarbeiter machen 25 % der Stichprobe aus, Unternehmen von 500 bis 1.000 Mitarbeitern sind darin mit 26 % enthalten.

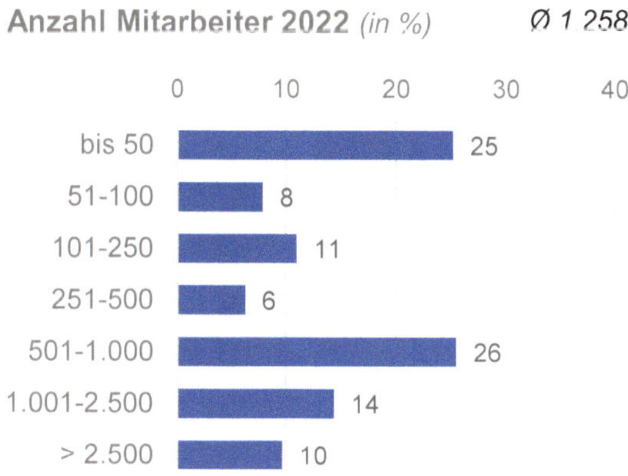

Abb. 2: Unternehmensgröße nach Anzahl der Mitarbeiter

Unternehmensgröße nach Umsatz

Im Durchschnitt erzielten die Unternehmen im Jahr 2022 einen **Umsatz** von 530 Millionen Euro, wobei auch hier zwei Cluster herausstechen (vgl. Abb. 3): Im Cluster zwischen einer und zehn Millionen Euro liegen über 15 % der befragten Unternehmen, im Cluster zwischen 100 und 500 Millionen sind es sogar 19 %. Ansonsten überwiegt bei den übrigen Umsatzclustern eine recht homogene Verteilung. Allerdings konnten oder wollten 27,3 % der Befragten zu dieser Frage keine Antwort geben.

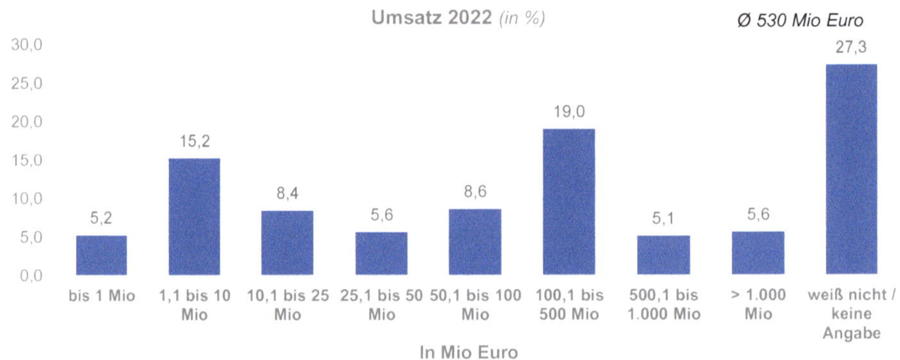

Abb. 3: Unternehmensgröße nach Umsatz

Jahresüberschuss

Im Durchschnitt erwirtschafteten die befragten Unternehmen im Jahr 2022 einen Jahresüberschuss von 17,4 Millionen Euro, wobei dieser bei knapp 6 % negativ ausfiel, und bei weiteren 8 % nur bei 0 Millionen Euro lag (vgl. Abb. 4). Zu dieser Frage machten aber nur 54,4 % der Befragten eine Angabe.

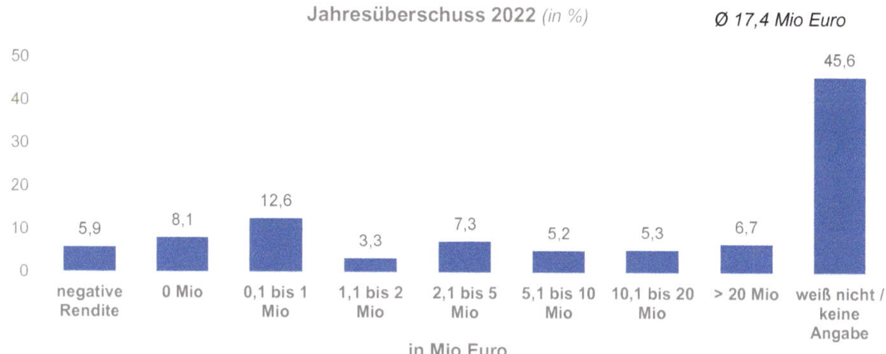

Abb. 4: Jahresüberschuss

Anteil für Innovationsaktivitäten am Gesamtumsatz

Die befragten Unternehmen investierten im vergangenen Jahr durchschnittlich 11,4 % Ihres Gesamtumsatzes in Forschung und Entwicklung (vgl. Abb. 5), wobei ein signifikanter Zusammenhang zur Unternehmensgröße besteht: Durchschnittlich investieren Unternehmen mit zunehmender Unternehmensgröße anteilsmäßig mehr in Innovationsaktivitäten (ohne Abbildung: $r = 4{,}8$; $p < 0{,}001$).

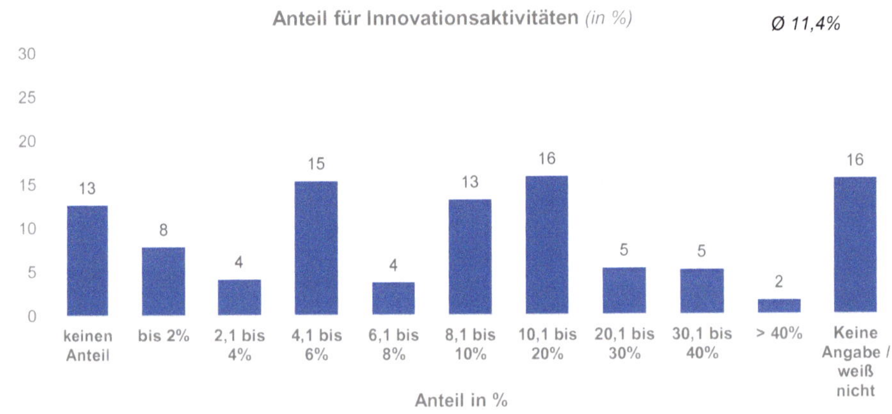

Abb. 5: Aufwendungen für Innovationsaktivitäten 2022 gemessen am Umsatz

Unternehmensalter

Mit durchschnittlich 70 Jahren weisen die Unternehmen ein vergleichsweise hohes Alter aus. Lediglich 3 % sind 10 Jahre alt oder jünger, mehr als 20 % sind über 100 Jahre alt (vgl. Abb. 6).

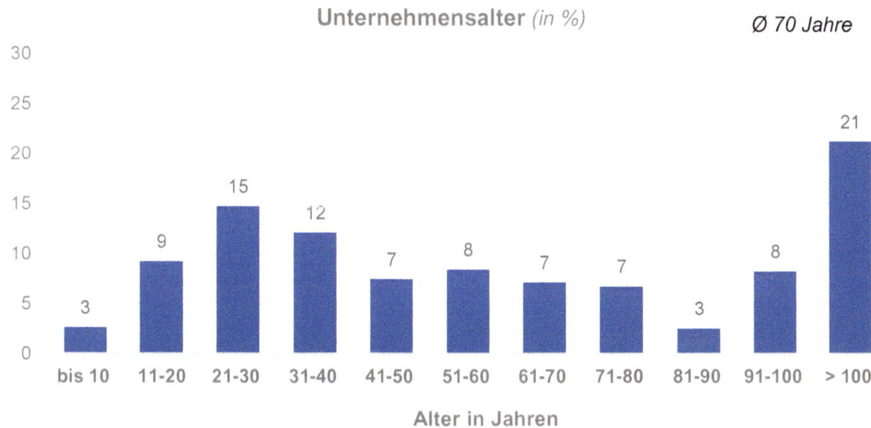

Abb. 6: Altersverteilung der Unternehmen

Position der Befragten

Die Einschätzung des Anteils der Arbeit, die in Projekten geleistet wird, erfordert einen guten Überblick über die gesamte Projektlandschaft im Unternehmen. Dementsprechend sind es in der Regel (abhängig u. a. von der Größe, Branche, Organisation) Führungskräfte auf höheren Managementebenen, die an der Befragung teilgenommen haben. Über 60 % der Befragungsteilnehmer entstammen der Geschäftsführung bzw. dem Vorstand oder der Bereichs- bzw. Abteilungsleitung (vgl. Abb. 7). Weitere 14 % haben eine Teamleitung inne und 5 % sind einer Assistenz der Geschäftsführung zuzuordnen.

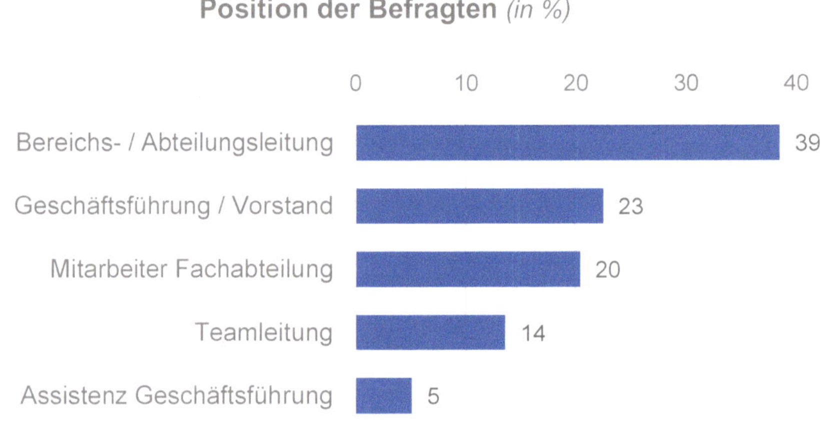

Abb. 7: Position der Befragten

Funktionsbereich der Befragten

Die Befragten kamen zum überwiegenden Teil aus den Geschäftsbereichen Geschäftsführung (28 %), Controlling (19 %), Marketing / PR (15 %) und dem Projekt Management Office (14 %). Die restlichen 24 % verteilen sich fast gleichmäßig auf die verschiedenen Funktionsbereiche eines Unternehmens (vgl. Abb. 8).

Abb. 8: Tätigkeitsbereich der Befragten

2 Ergebnisse der Befragung

2.1 Umfang der Projekttätigkeit in Deutschland

Im Jahr 2022 umfasste der Anteil der Projekttätigkeit gemessen an der Gesamtarbeitszeit in Deutschland **34,5 %**. Wie in der konzeptionellen Herleitung oben dargestellt wurde, wurden die Werte zunächst nach den einzelnen Wirtschaftsbereichen erfasst und anschließend anhand deren Anteil an der Bruttowertschöpfung entsprechend gewichtet.

Nach Angaben des Statistischen Bundesamtes lag die Bruttowertschöpfung 2022 in Deutschland bei 3.489 Milliarden Euro. Folgt man der Annahme, dass diese inputorientierte Kennzahl mit dem Anteil an der Bruttowertschöpfung als Output korrespondiert, würde das einem Betrag von **1.204 Mrd. Euro** entsprechen, der über Projekte generiert wird.

Die Daten zur Bruttowertschöpfung nach Wirtschaftsbereich und deren Anteil daran finden sich in der nachfolgenden Tabelle:

Wirtschaftsbereiche	**Bruttowertschöpfung 2022*** *(in Mrd. Euro)*	**Anteil an der BWS** *(in %)*
Produzierendes Gewerbe ohne Baugewerbe	817,003	23,4
Öffentliche Dienstleister, Erziehung, Gesundheit	655,727	18,8
Handel, Verkehr, Gastgewerbe	596,265	17,1
Grundstücks- und Wohnungswesen	348,774	10,0
Unternehmensdienstleister	401,201	11,5
Baugewerbe	208,450	6,0
Sonstige Dienstleister	124,810	3,6
Finanz- und Versicherungsdienstleister	124,049	3,6
Information und Kommunikation	169,378	4,9
Land- und Forstwirtschaft; Fischerei	43,712	1,3
Gesamt	*3.489,369*	*100,0*

* Quelle: Statistisches Bundesamt (Destatis), 2023, Fachserie 18, Reihe 1.1, Volkswirtschaftliche Gesamtrechnungen, Inlandsproduktberechnung, Tabelle 2.1 Bruttowertschöpfung in jeweiligen Preisen

Tab. 2: Bruttowertschöpfung nach Wirtschaftsbereichen

Der Umfang der Projekttätigkeit ist in den jeweiligen Wirtschaftsbereichen stark unterschiedlich ausgeprägt: Der höchste Anteil ist im Baugewerbe (55,0 %) festzustellen. Es folgen die Wirtschaftsbereiche Information & Kommunikation (46,4 %), Grundstücks- und Wohnungswesen (45,3 %) sowie Unternehmensdienstleistungen (42,5 %). Die geringsten Anteile mit jeweils etwa 20 % finden sich in den Bereichen Finanz- und Versicherungsdienstleistungen, Land- und Forstwirtschaft, Fischerei und im Handel, Verkehr, Gastgewerbe (vgl. Tab. 3).

Wirtschaftsbereich	**Anteil an der BWS** *(in %)*	**Anteil Arbeitszeit durch Projekte** *(in %)*			**Steigerung** *(in %)*	
		2017	**2022**	**2027**	**2017 zu 2022**	**2022 zu 2027**
Produzierendes Gewerbe ohne Baugewerbe	23,4	37,5	38,8	43,2	3,2	11,8
Öffentliche Dienstleister, Erziehung, Gesundheit	18,8	19,3	24,5	29,8	27,0	27,5
Handel, Verkehr, Gastgewerbe	17,1	20,5	20,9	25,0	1,8	20,2
Grundstücks- und Wohnungswesen	10,0	40,1	45,3	46,4	13,0	2,7
Unternehmensdienstleister	11,5	40,1	42,5	46,0	5,9	8,8
Baugewerbe	6,0	54,8	55,0	57,5	0,4	4,5
Sonstige Dienstleister	3,6	31,9	37,6	41,2	17,7	11,1
Finanz- und Versicherungsdienstleister	3,6	13,7	19,2	23,2	40,7	29,0
Information und Kommunikation	4,9	41,6	46,4	52,0	11,6	13,5
Land- und Forstwirtschaft; Fischerei	1,3	18,8	20,5	22,4	8,9	9,9
Gesamt	***10,0***	***31,7***	***34,5***	***38,7***	***13,0***	***13,9***

** Quelle: Statistisches Bundesamt (Destatis), 2023, Fachserie 18, Reihe 1.1, Volkswirtschaftliche Gesamtrechnungen, Inlandsproduktberechnung, Tabelle 2.1 Bruttowertschöpfung in jeweiligen Preisen*

Tab. 3: Anteil der Projekttätigkeit an der Gesamtarbeitszeit in den 10 Wirtschaftsbereichen

Wie aus der Tab. 3 zudem ersichtlich wird, wurde nicht nur für das vergangene Jahr nach dem Umfang der Projekttätigkeit gefragt, sondern es sollte der Umfang der geleisteten Arbeitszeit in Projekten im Unternehmen auch rückblickend für das Jahr 2017 angegeben sowie vorausschauend für das Jahr 2027 abgeschätzt werden.

Insgesamt zeigen die Daten, dass der Anteil der Arbeitszeit in Projekten seit 2017 von 31,7 % auf 34,5 % um 13 % gestiegen ist und auch die nächsten fünf Jahre um etwa weitere 14 % auf 38,7 % ansteigen könnte. Der stärkste Anstieg ist mit 40,7 % im Bereich der Finanz- und Versicherungsdienstleistungen zu beobachten. Auch der Öffentliche Dienst verlagert seine Arbeitsweise immer stärker in temporäre Organisationsformen, hier ist seit 2017 ein Anstieg um 27,0 % festzustellen, bis 2027 wird zudem ein weiterer Anstieg um 27,5 % prognostiziert. Die geringsten Steigerungen weisen das Baugewerbe (0,4 %), Handel, Verkehr, Gastgewerbe (1,8 %) und das Produzierenden Gewerbe (3,2 %) auf. Insbesondere im Baugewerbe scheint ein Sättigungsniveau erreicht zu sein, da auch zukünftig keine große Ausweitung der Projektarbeit erwartet wird.

Ein Vergleich der Daten zur Pilotstudie von 2013 (GPM 2015) zeigt nun Folgendes (vgl. Abb. 9): In der damaligen Studie wurde der Anteil der Arbeitszeit in Projekten zum Erhebungszeitpunkt auf 34,7 % taxiert, das entspricht in etwa den Daten, die auch in der aktuellen Studie erhoben wurden. Die damalige Projektion für 2019, in der eine Steigerung auf 41,3 % prognostiziert wurde, muss nach der aktuellen Datenlage als deutlich zu hoch eingestuft werden. Daraus lassen sich mehrere Rückschlüsse ziehen:

- Es wurden damals nur sechs von zehn Wirtschaftsbereichen gemessen, vier Wirtschaftsbereiche wurden auf der Basis von Experteninterviews und Literaturanalysen geschätzt. In der aktuellen Studie wurde diese – damals aufgrund begrenzter Projektmittel bewusst in Kauf genommene – Restriktion beseitigt: Es wurden alle Wirtschaftsbereiche nach WZ2008 gemessen. Durch diese veränderte Vorgehensweise waren bereits im Vorfeld geschärfte Zahlen zu vermuten.
- Dass die Zahlen zur aktuellen Einschätzung des Projektumfangs trotz angepasster Methodik bei gleicher Konzeption sehr nah beieinander liegen, spricht für die Güte des zugrunde gelegten Messkonzepts.
- Schließlich könnte mit dem Umfang der derzeitigen Projekttätigkeit ein bestimmter Sättigungsgrad der Projektifizierung erreicht sein, nach dem eine Steigerung der Arbeitszeit in Projekten weiter möglich bzw. sinnvoll sein wird, da nicht alle Tätigkeiten in Projekten bearbeitet werden können.

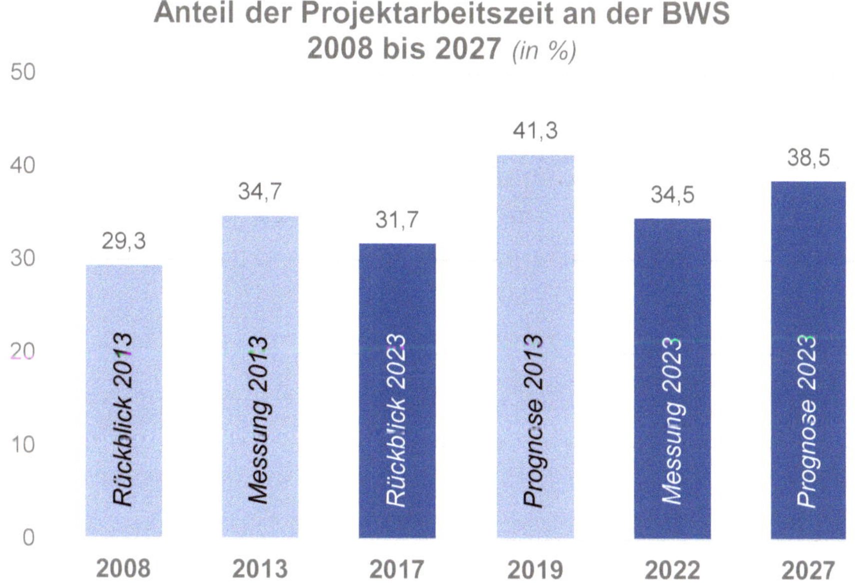

Abb. 9: Entwicklung des Anteils Projektarbeitszeit an der Bruttowertschöpfung von 2008 bis 2027

2.2 Projekterfolg in der deutschen Wirtschaft

Nach den vorliegenden Daten wird mehr als ein Drittel der gesamten Arbeitszeit in Projekten getätigt. Damit stellt sich gleichzeitig auch die Frage nicht nur nach der Quantität, sondern auch nach der Qualität der geleisteten Tätigkeit in temporären Organisationsformen. Deshalb wurden in das Erhebungsinstrument auch Indikatoren zur Messung des Projekterfolgs eingearbeitet. Dafür wurden die vier validierten Indikatoren Zeiteinhaltung, Kosteneinhaltung, Ergebnis/Qualität und Stakeholder-Zufriedenheit sowie ein umfassender Indikator zur Gesamteinschätzung genutzt.[2] Diese fünf Indikatoren wurden nach einer faktoranalytischen Prüfung zum Index „Projekterfolg" berechnet, der Werte von 0 (sehr geringer Projekterfolg) bis 100 (sehr hoher Projekterfolg) annehmen kann.

Insgesamt erreicht der Index Projekterfolg über alle Wirtschaftsbereiche und Unternehmenseigenschaften hinweg einen Skalenwert von 66 Punkten (vgl. Abb. 10), was einerseits ein überdurchschnittlicher Wert ist, andererseits aber auch auf vorhandene Steigerungspotenziale hinweist.

Differenziert nach Wirtschaftsbereichen ergibt sich ein relativ homogenes Bild: Die Indexwerte variieren – bis auf eine Ausnahme – zwischen 62 und 72 Indexpunkten, lediglich der Bereich Land-, Forstwirtschaft, Fischerei fällt im Branchenvergleich deutlich um 10 Skalenpunkte ab. Die höchsten Erfolgswerte können bei Unternehmensdienstleistern (72 Punkte), Information & Kommunikation (70 Punkte) sowie den Finanz- und Versicherungsdienstleistern (67) beobachtet werden.

2 Die Frage lautete: „Wie viele Projekte in Ihrem Unternehmen erreichen Ihrer Einschätzung nach über die Gesamtheit aller Projekte ihre Ziele in Bezug auf Zeiteinhaltung, Kosteneinhaltung, Ergebnis/Qualität, Stakeholder-Zufriedenheit, insgesamt", wobei jeder der genannten fünf Indikatoren separat bewertet werden konnte.

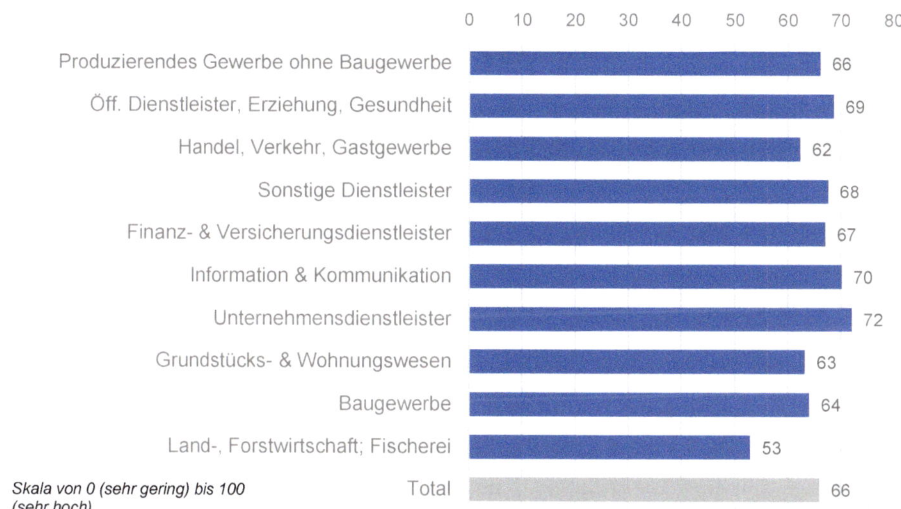

Abb. 10: Projekterfolg nach Wirtschaftsbereichen

Betrachtet man die einzelnen Indikatoren des Index Projekterfolg (vgl. Abb. 11), zeigen sich unterschiedliche Ausprägungen in den Teildimensionen: Besonders erfolgreich verlaufen Projekte hinsichtlich des Ergebnisses und der Qualität (72 Punkte), aber auch bei der Gesamteinschätzung (70 Punkte) und der Stakeholderzufriedenheit (69 Punkte). Die Indikatoren Zeiteinhaltung (59 Punkte) und Kosteneinhaltung (60 Punkte) fallen gegenüber den erstgenannten Indikatoren deutlich ab.

Ein Vergleich mit den Ergebnissen von 2013 eröffnet interessante Einblicke, da bei den einzelnen Indikatoren, aber auch im Gesamtindex deutliche Verschiebungen zu erkennen sind. Insgesamt gestaltet sich die Arbeit in Projekten derzeit weniger erfolgreich als noch im Jahr 2013, der Erfolgsindex ist von 72 auf 66 Punkte gesunken. Insbesondere die drei auch als „magisches Dreieck des Projektmanagements" bezeichneten Dimensionen Kosteneinhaltung, Zeiteinhaltung und Ergebnis / Qualität werden aktuell um 7 bis 9 Skalenpunkte schlechter bewertet als noch 2013. Auf der anderen Seite scheinen sich die Projektmanager auf die Zufriedenheit der Stakeholder fokussiert zu haben, dieser Indikator ist ausgesprochen stark von 51 auf 69 Punkte, also um etwa 35 % gestiegen.

Der vergleichsweise geringere Projekterfolg kann möglicherweise auf die Folgeerscheinungen der Corona-Pandemie zurückzuführen sein: Die starke Digitalisierung der Arbeitsabläufe und die Notwendigkeit zum mobilen Arbeiten sind zwei Aspekte, die einen direkten Einfluss auf das Projektmanagement haben.

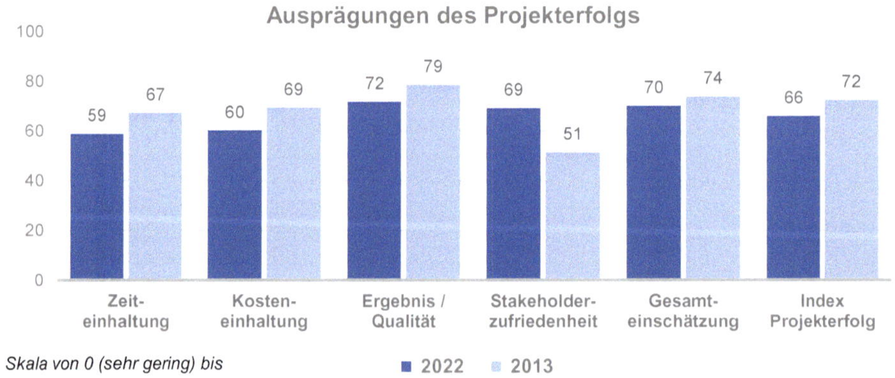

Abb. 11: Die Ausprägungen des Projekterfolgs

2.3 Intensität der Projektarbeit in Deutschland

Zur besseren Einordnung des Umfangs der Projekttätigkeit und des Projekterfolges in den Unternehmen wurden mehrere Fragen zum Stellenwert von Projekten sowie weiterer Projektcharakteristika gestellt (vgl. Abb. 12).

Insgesamt haben Projekte in den befragten Unternehmen eine hohe Bedeutung. Auf einer Skala von 0 (trifft überhaupt nicht zu) bis 100 (trifft voll und ganz zu) erreicht dieser Aspekt einen Skalenwert von 67. Die überwiegende Mehrheit der befragten Unternehmen ist darüber hinaus durch eine hohe Projekttätigkeit gekennzeichnet (60 Skalenpunkte). Trotzdem wird insgesamt nur etwa die Hälfte der Unternehmenstätigkeiten in Projekten umgesetzt und auch der Großteil der Arbeitszeit findet überwiegend nicht in temporären Organisationsformen, sondern in der Linie statt (44 bzw. 46 Skalenpunkte).

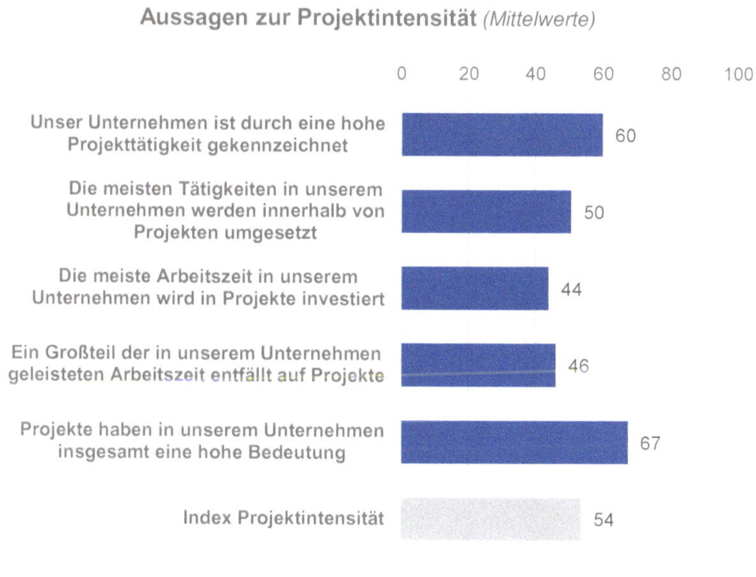

Abb. 12: Aussagen zur Projektintensität

Diese fünf Indikatoren wurden – auch hier nach einer faktoranalytischen Prüfung – zu einem Index „Projektintensität" umgerechnet, der Werte von 0 (geringe Projektintensität) bis 100 (sehr hohe Projektintensität) annehmen kann. Damit ist es möglich, differenzierte Analysen wie z. B. nach Wirtschaftsbereichen darzustellen.

Die Projektintensität ist dabei wenig überraschend fast analog zum Umfang der Arbeitszeit in Projekten in den einzelnen Wirtschaftsbereichen ausgeprägt. Die mit Abstand höchste Projektintensität ist im Baugewerbe (74 Skalenpunkte) festzustellen, gefolgt von Information & Kommunikation (63 Skalenpunkte), Grundstücks- & Wohnungswesen (60 Skalenpunkte) und Produzierendem Gewerbe (59 Skalenpunkte). Die geringste Projektintensität ist in den Bereichen Handel, Verkehr, Gastgewerbe (33 Skalenpunkte), Land-, Forstwirtschaft, Fischerei und Öffentliche Dienstleistungen (je 38 Skalenpunkte) zu beobachten.

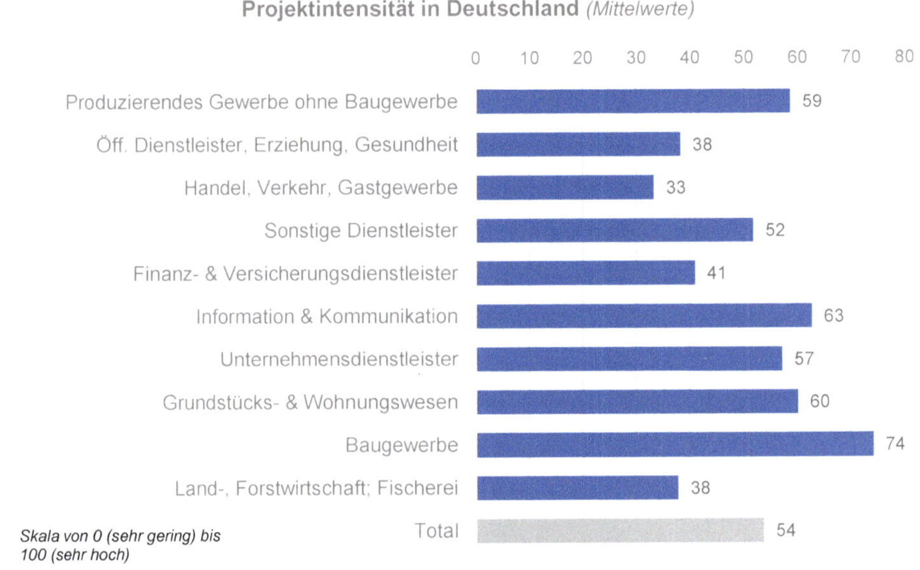

Abb. 13: Projektintensität nach Wirtschaftsbereichen

Eine höhere Projektintensität sollte hypothetisch mit einem höheren Professionalisierungsgrad im Projektmanagement einhergehen. Dazu wurde eine bivariate Korrelationsanalyse zwischen Projektintensität und Projekterfolg mit Unternehmensgröße als intervenierender Variablen durchgeführt (vgl. Abb. 14).

Unternehmen mit einer hohen Projektintensität haben offensichtlich ihr Projektmanagement wenig überraschend deutlich stärker professionalisiert als Unternehmen mit einer geringeren Projektintensität und können dadurch höhere Projekterfolge vorweisen. Interessant an dieser Stelle aber ist, dass vor allem kleinere Unternehmen mit einer hohen Projektintensität die höchsten Projekterfolge vorweisen können.

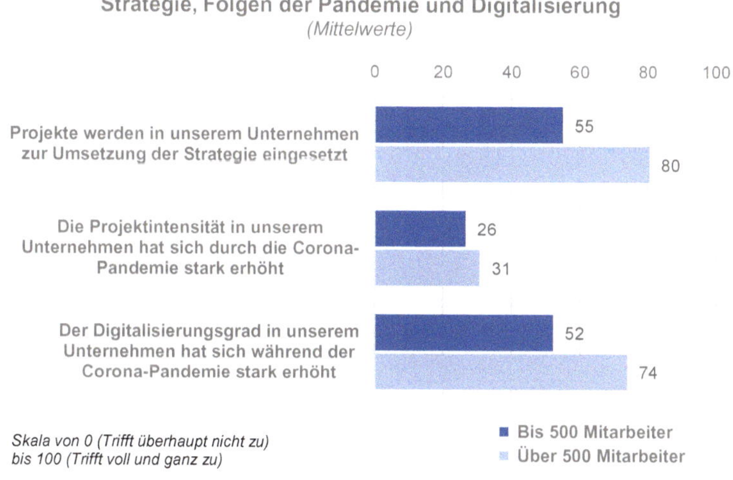

Abb. 14: Projekterfolg und Projektintensität

In diesem Zusammenhang wollten wir auch wissen, welchen Einfluss die Corona-Pandemie auf Projektintensität und Digitalisierungsgrad auf die Unternehmen hatten. Darüber hinaus sollten die Befragten für ihr Unternehmen einordnen, welche Bedeutung Projekte bei der Umsetzung strategischer Ziele haben (vgl. Abb. 15).

Letztgenannter Aspekt wurde überwiegend bejaht (68 Skalenpunkte), d. h. Projekten kommt bei der Umsetzung der strategischen Ziele eine zentrale Aufgabe zu, wobei diese Rolle in großen Unternehmen über 500 Mitarbeitern signifikant stärker ausgeprägt ist (80 Skalenpunkte), als in kleineren Unternehmen mit weniger als 500 Mitarbeitern (55 Skalenpunkte).

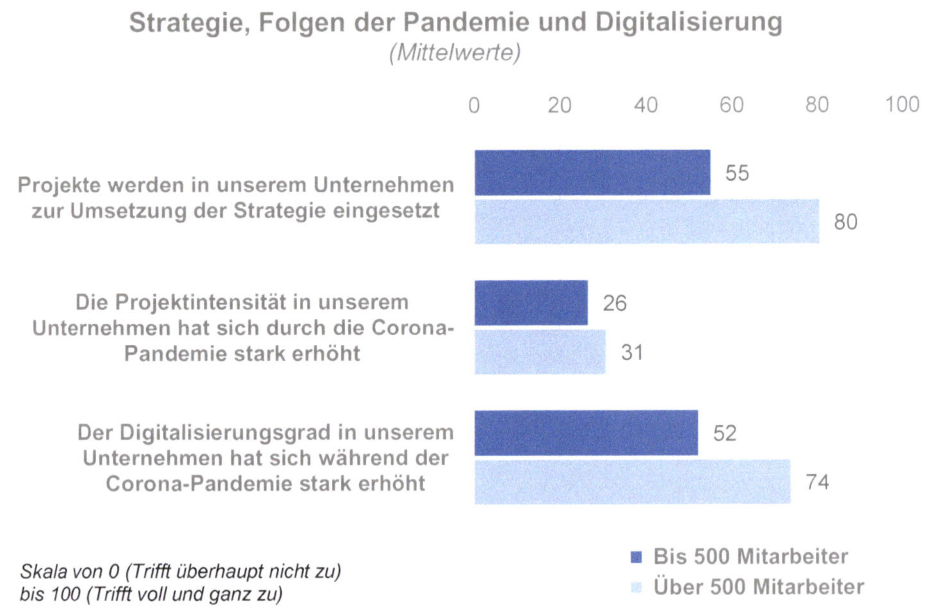

Abb. 15: Strategie, Corona-Pandemie und Digitalisierung nach Unternehmensgröße

Der Einfluss der Corona-Pandemie auf die Digitalisierung von Unternehmen ist deutlich sichtbar (63 Skalenpunkte), wobei sich auch hier in großen Unternehmen deutlich mehr verändert hat als in kleineren Unternehmen. Ein nennenswerter Einfluss der Pandemie auf die Projektintensität ist dagegen weitgehend und auch größenabhängig nicht zu beobachten (28 Skalenpunkte).

2.4 Die Projektlandschaft in Deutschland

Projekteigenschaften

Die Projekte in den befragten Unternehmen weisen hinsichtlich ihrer personellen Ressourcen, des Projektbudgets und der Projektdauer einen relativ großen Umfang auf. Im Durchschnitt waren in den Projekten 10,1 Mitarbeiter tätig, die Projektdauer umfasste durchschnittlich 10,1 Monate und wiesen ein Projektbudget von ca. einer Mio. Euro auf (vgl. Abb. 16). Im Vergleich zur Erhebung von 2013 liegen fast identische Werte vor.

Die umfangreichsten Projekte werden – bei Berücksichtigung aller drei Ressourcen (Dauer, Budget, Mitarbeiter) – insbesondere im Grundstücks- und Wohnungswesen, im Baugewerbe sowie in der Produzierenden Industrie durchgeführt. Interessanterweise dauern die Projekte im Öffentlichen Dienst am längsten, obwohl oder möglicherweise gerade, weil dort die wenigsten Mitarbeiter eingesetzt werden und das Projektbudget im unteren Bereich liegt.

Die kleinsten Projekte finden sich in der Land-, Forstwirtschaft, Fischerei, im Bereich Handel, Verkehr, Gastgewerbe und bei den Sonstigen Dienstleistern.

Wirtschaftsbereich	**Mitarbeiter pro Projekt**	**Projektbudget** *(in Mio Euro)*	**Projektdauer** *(Monate)*
Produzierendes Gewerbe ohne Baugewerbe	15,0	1,52	12,5
Öffentliche Dienstleister, Erziehung, Gesundheit	5,6	0,71	16,6
Handel, Verkehr, Gastgewerbe	7,5	0,20	7,3
Sonstige Dienstleister	6,9	0,60	9,2
Finanz- und Versicherungsdienstleister	9,1	0,37	9,5
Information & Kommunikation	9,6	0,43	9,4
Unternehmensdienstleister	11,3	0,95	6,0
Grundstücks- und Wohnungswesen	11,0	3,24	15,1
Baugewerbe	16,1	1,83	9,0
Land- und Forstwirtschaft; Fischerei	8,2	0,44	6,2
Total 2022	***10,1***	***1,03***	***10,1***
Total 2013	***9,2***	***1,30***	***9,3***

Abb. 16: Projekteigenschaften

Projektarten

Der überwiegend größte Teil der durchgeführten Projekte sind interne Projekte (78 %), externe Projekte haben demgegenüber einen Umfang von 22 %. Im Vergleich zu 2013 hat sich das Verhältnis um 6 % zugunsten der externen Projekte verschoben.

Bei internen Projekten kommen wie auch schon im Jahr 2013 am häufigsten IT Projekte (19 %), Marketingprojekte (17 %) sowie Organisationsprojekte (17 %) zum Einsatz. Infrastrukturprojekte finden sich am seltensten (11 %).

F&E-Projekte sind vor allem in den dienstleistungsorientierten Bereichen unterrepräsentiert, im Produzierenden Gewerbe haben sie dagegen einen fast doppelt so hohen Stellenwert. Externe Projekte sind mit Abstand am häufigsten im Baugewerbe zu finden (35 %). F&E-Projekte kommen insbesondere im Produzierenden Gewerbe (20 %) und in der Land-, Forstwirtschaft, Fischerei (18 %) zum Einsatz, am wenigsten in den Bereichen Handel, Verkehr, Gastgewerbe (8 %) und bei den Unternehmensdienstleistern (9 %). Infrastrukturprojekte sind am häufigsten im Grundstücks- und Wohnungswesen (18 %) sowie im öffentlichen Dienst (17 %) zu finden. Die weiteren Projektarten verteilen sich relativ homogen über die verschiedenen Wirtschaftsbereiche hinweg.

Frage 3: In welchem Umfang finden die nachfolgenden Projektarten in Ihrem Unternehmen Anwendung?

	Interne Projekte					*Externe Projekte*
In welchem Umfang finden die nachfolgenden Projektarten in Ihrem Unternehmen Anwendung? (*Angaben in %*)	**Organisations- / HR-Projekte**	**IT-Projekte**	**F&E- / Neuproduktionsentwicklungsprojekte**	**Marketing- / Vertriebs-projekte**	**Infrastruktur-projekte**	**Kunden- / Auftrags-projekte**
Produzierendes Gewerbe ohne Baugewerbe	14	15	20	17	9	24
Öffentliche Dienstleister, Erziehung, Gesundheit	21	23	11	13	17	15
Handel, Verkehr, Gastgewerbe	19	22	8	22	13	17
Sonstige Dienstleister	20	21	10	20	10	19
Finanz- und Versicherungsdienstleister	20	26	11	18	14	11
Information & Kommunikation	16	21	13	17	10	22
Unternehmensdienstleister	19	19	9	20	7	26
Grundstücks- und Wohnungswesen	19	18	12	13	18	20
Baugewerbe	15	14	13	12	12	35
Land- und Forstwirtschaft; Fischerei	16	19	18	17	11	19
Total 2022	*17*	*19*	*15*	*17*	*11*	*22*
Total 2013	*17*	*20*	*13*	*20*	*14*	*16*

Abb. 17: Projektarten differenziert nach Wirtschaftsbereichen

Existenz einer zentralen Projektorganisation

Ein zentrale Projektorganisation und insbesondere ein Project Management Office (PMO) dient in den meisten Unternehmen zur Unterstützung der im Unternehmen laufenden Projekte und / oder zur Koordination der Projektportfolios. Es soll z. B. durch die Bereitstellung von Instrumenten und Methoden zur Standardisierung und damit auch zur Professionalisierung beitragen.[3]

Eine zentrale Projektorganisation ist genau bei der Hälfte der befragten Unternehmen zu beobachten, wobei diese Organisation zumeist in Form eines Project Management Office (PMO) in Erscheinung tritt (38 %), lediglich 11 % haben hier andere zentrale Einheiten implementiert (vgl. Abb. 18).

Im Vergleich zur Befragung von 2013 ist dieser Anteil dieses Mal deutlich geringer. Damals hatten noch 65 % angegeben, über eine zentrale Projektorganisation zu verfügen. Dieser Befund ist insbesondere vor den weiter unten gezeigten Zusammenhang zwischen der Existenz einer zentralen Projektorganisation und dem Projekterfolg bemerkenswert. Möglicherweise steht dies im Zusammenhang mit der Zunahme flexibler agiler Projektmanagementmethoden, zentrale Projektorganisationen gelten häufig als unflexibel.

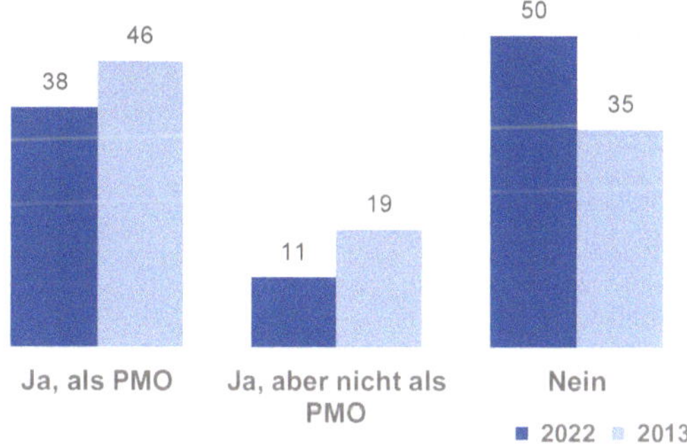

Abb. 18: Existenz einer zentralen Projektorganisation (mit und ohne PMO)

3 Vgl. hierzu Hobbs et al. 2008; Thomas et al. 2010.

Zentrale Projektorganisationen sind am häufigsten in den Bereichen Information & Kommunikation (62 %) sowie im Produzierenden Gewerbe (55 %), am seltensten dagegen in der Land-, Forstwirtschaft, Fischerei (30 %) und bei den Sonstigen Dienstleistern (34 %) zu beobachten (vgl. Abb. 19).

Zentrale Projektorganisation *(in %)*

Produzierendes Gewerbe ohne Baugewerbe	55%
Öffentliche Dienstleister, Erziehung,...	38%
Handel, Verkehr, Gastgewerbe	46%
Sonstige Dienstleister	34%
Finanz- und Versicherungsdienstleister	51%
Information & Kommunikation	62%
Unternehmensdienstleister	50%
Grundstücks- und Wohnungswesen	50%
Baugewerbe	52%
Land- und Forstwirtschaft; Fischerei	30%

Abb. 19: Zentrale Projektorganisation nach Wirtschaftsbereichen

Wie bereits 2013 festgestellt werden konnte (GPM 2015a), wirkt sich die Einrichtung einer zentralen Projektorganisation signifikant auf den Projekterfolg aus: Unternehmen mit einer zentralen Projektorganisation können im Durchschnitt auf einen um etwa 10 Skalenpunkte höheren Projekterfolg verweisen (vgl. Abb. 20). Auch wenn im Vergleich zu 2013 der Projekterfolg insgesamt geringer ausfällt, ist inzwischen aber die Differenz des Projekterfolgs mit und ohne zentraler Projektorganisation leicht gestiegen. Damals hatte die Differenz 7,6 Skalenpunkte betragen. Da, wie weiter oben gezeigt, weniger Unternehmen eine zentrale Projektorganisation aufweisen als 2013, sollte dies Anlass dazu sein, eine solche einzuführen.

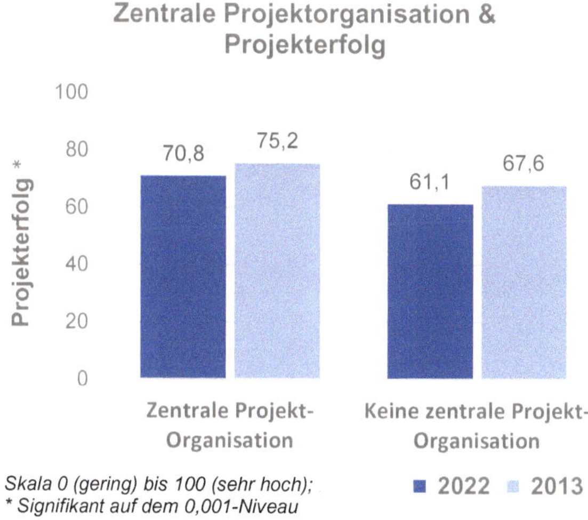

Abb. 20: Zentrale Projektorganisation und Projekterfolg

Karrieremöglichkeiten im Projektmanagement

Ein weiterer Aspekt der Professionalisierung von Projekten ist die Etablierung ausdifferenzierter sowie klar definierter und transparenter Karrieremöglichkeiten im Projektmanagement. Dazu wurden den Befragten zwei Fragen vorgelegt und darüber hinaus um einen Vergleich zur Linie gebeten. Diese Fragen wurden in der Befragung von 2013 nicht gestellt, von daher ist ein Vergleich im Zeitablauf nicht möglich.

Insgesamt verweisen die Ergebnisse darauf (vgl. Abb. 21), dass – wie bereits in den Gehaltsstudien der GPM Deutsche Gesellschaft für Projektmanagement e. V. von 2013 bis 2019 festzustellen war[4] – definierte und transparente Karrierepfade (35 Skalenpunkte) nur in den wenigsten Unternehmen implementiert sind. Noch seltener sind ausdifferenzierte Karrierepfade (32 Skalenpunkte) vorzufinden. Offensichtlich scheint es aber auch um die Karriereoptionen in der Linie nicht besser zu stehen, die entsprechende Frage erhält einen durchschnittlichen Skalenwert von lediglich 29 Punkten.

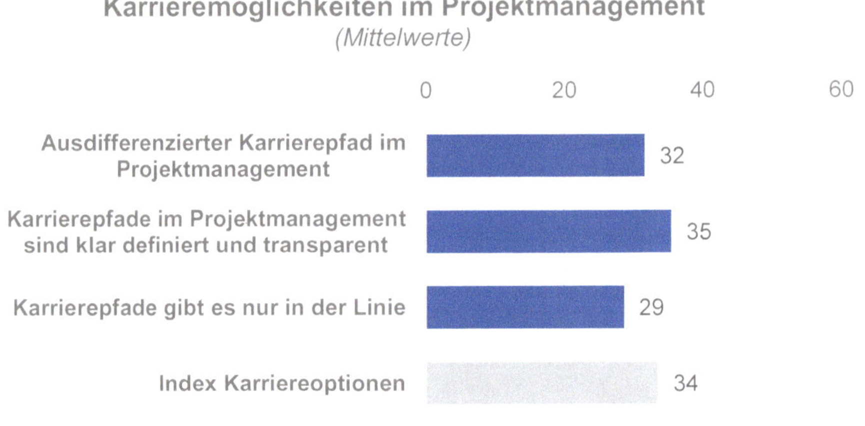

Abb. 21: Karrieremöglichkeiten im Projektmanagement

4 GPM 2013, GPM 2015b, GPM 2017, GPM 2019.

Auch diese Fragen wurde zu einem Index „Karrieremöglichkeiten“ berechnet, wobei nur die beiden konkreten Fragen zum Projektmanagement berücksichtigt wurden (ausdifferenziert sowie klar definierte und transparente Karrierepfade). Der Gesamtindex, der Werte von 0 (sehr geringe Karrieremöglichkeiten) bis 100 (sehr gute Karrieremöglichkeiten) annehmen kann, erzielt einen relativ niedrigen Wert von 34 Skalenpunkten. Neben der Einführung einer zentralen Projektorganisation, sollte auch der Personalbereich den hohen Projektifizierungsgrad berücksichtigen und der Projektarbeit im Unternehmen einen höheren Stellenwert beimessen.

Ein differenzierter Blick auf die einzelnen Wirtschaftsbereiche ergibt folgendes Bild: In keinem Bereich gibt es zufriedenstellende Karriereoptionen, die Werte liegen alle weit unterhalb der 50-Punkte-Grenze und variieren von 19 bis 37 Punkten. Am ehesten noch haben das Produzierende Gewerbe und das Baugewerbe (je 37 Skalenpunkte) zufriedenstellende Karrieremöglichkeiten implementiert, die schlechtesten Optionen bieten der Öffentliche Dienst (19 Skalenpunkte) und Sonstige Dienstleister an (22 Skalenpunkte).

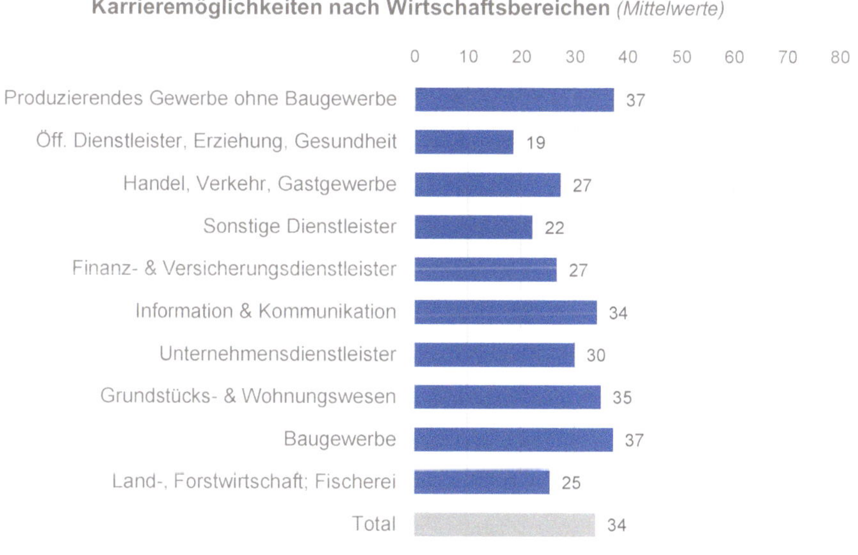

Abb. 22: Karrieremöglichkeiten nach Wirtschaftsbereichen

3 Resümee

Mit der zweiten Studie zur Messung der Projekttätigkeit können die Ergebnisse hinsichtlich des Projektifizierungsgrades der deutschen Wirtschaft aus der ersten Erhebung von 2013 bei ähnlichen Projektkonditionen (Projektgröße, Projektumfang, Projektdauer, Projektarten) bestätigt werden. Der Anteil der Arbeitszeit in Projekten umfasste im vergangenen Jahr 34,5 % und liegt damit fast exakt bei dem Wert, der für 2013 ermittelt wurde (34,7 %). Umgerechnet auf den Anteil an der Bruttowertschöpfung 2022 würde das einem Betrag von 1.204 Mrd. Euro entsprechen, der in Deutschland über Projekte generiert wird.

Nicht bestätigt werden kann dagegen die in 2013 prognostizierte weitere Projektifizierung der deutschen Wirtschaft auf über 41 %. Auch wenn in der aktuellen Studie die Befragten erwarten, dass sich der Umfang der Projekttätigkeit in den nächsten Jahren um 14 % auf dann fast 39 % steigern wird, deutet sich eine Sättigungsgrenze beim Projektifizierungsgrad an. Andererseits könnten für die verzögerte Entwicklung aber auch externe Gründe in Betracht kommen wie z. B. durch die Corona-Pandemie ausgelöste Entwicklungen wie Digitalisierung und mobiles Arbeiten. Dass die Corona-Pandemie die Digitalisierung von Unternehmen zumindest beschleunigte, bestätigten eine breite Mehrheit der Befragten, inwieweit sich diese auf die Projektarbeit auswirkte, kann auf der vorliegenden Datenbasis nicht beantwortet werden.

Ein weiteres interessantes Ergebnis in der aktuellen Studie ist, dass sich der Anteil der Unternehmen mit einer zentralen Projektorganisation im Vergleich zur Studie von 2013 deutlich reduziert hat. Darüber hinaus lassen sich nur in den wenigsten Unternehmen definierte sowie ausdifferenzierte Karrierepfade feststellen. Wie Korrelationsanalysen aber aufzeigen, haben beide Aspekte einen signifikanten Einfluss auf den Projekterfolg in den Unternehmen. Von daher überrascht es nicht, dass der „Index Projekterfolg" mit 66 Skalenpunkten um 6 Punkte geringer ausfällt als noch 2013. Mit Blick auf den bedeutenden Beitrag, den die Projekttätigkeit bei der Erzeugung der Bruttowertschöpfung leistet, stehen die Unternehmen in Bezug auf die Professionalisierung des Projektmanagement vor einigen Herausforderungen. Die Unternehmen täten gut daran, ihr Projektgeschäft besser zu strukturieren und in die Qualifikation der Projektmanager zu investieren, da beides die Erfolgswahrscheinlichkeit von Projekten und in der Folge auch den unternehmerischen Erfolg erhöht.

Fragebogen zur Studie

„Makroökonomische Vermessung der Projekttätigkeit in Deutschland II"

7.11.2022, Version 2

Hintergrund und Zielsetzung

- Der Anteil der Projektarbeit in Unternehmen und öffentlichen Organisationen nimmt immer weiter zu. Im Jahre 2014 wurde zum ersten Mal der Anteil der Projektarbeit an der Gesamtarbeit in der deutschen Wirtschaft gemessen und dabei sämtliche Wirtschaftssektoren berücksichtigt.
- Nach inzwischen 8 Jahren soll diese vielbeachtete Studie nun aktualisiert werden, um Veränderungen des Ausmaßes der Projektarbeit festzustellen und die Bedeutung der Projektarbeit für die deutsche Wirtschaft neu bewerten zu können.

Dauer der Befragung

Die Bearbeitungszeit für das Ausfüllen des Fragebogens beträgt **ca. 10 Minuten**.

Vertraulichkeit und Datenschutz

Die von Ihnen zur Verfügung gestellten Daten werden streng vertraulich behandelt. Die Ergebnisse werden ausschließlich in aggregierter Form publiziert. Ein Rückschluss auf einzelne Unternehmen oder Personen wird an keiner Stelle möglich sein.

Herzlichen Dank für Ihre Teilnahme!

A. Allgemeines: Branche / Unternehmensgröße

1. Welcher **Branche** bzw. welchem **Wirtschaftsbereich** lässt sich Ihr Unternehmen am ehesten zuordnen? *(Zuordnung gemäß Statistischem Bundesamt!)*

   ➔ *Gemäß Auswahlplan entsprechend zuordnen*

2. Wie viele **Mitarbeiter** beschäftigt Ihr Unternehmen? *(Wenn möglich, Angabe bitte in Vollzeitäquivalenten / FTE)*

   ☐ *Anzahl an Mitarbeitern*

B. Projekttätigkeit

Unter Projekt verstehen wir im Folgenden ein Vorhaben, das im Wesentlichen durch die **Einmaligkeit der Bedingungen** in ihrer Gesamtheit gekennzeichnet ist, d.h.

- Für das Projekt existiert eine konkrete **Zielvorgabe** (welchem Zweck dient das Projekt?)
- Das Projekt ist **zeitlich begrenzt (Anfang & Ende)**
- Das Projekt **benötigt spezifische Ressourcen** (z.B. finanziell, personell ...)
- Es existiert eine **eigenständige Ablauforganisation**, die sich von der Standardorganisation im Unternehmen abgrenzt
- In Projekten werden **nicht routinemäßige Aufgaben** bearbeitet
- Das Projekt hat eine **Mindestdauer von vier Wochen**
- Das Projekt besteht aus **wenigstens drei Teilnehmern**

[B.1 PROJEKTLANDSCHAFT]

Bei den folgenden Fragen möchten wir Sie bitten, jeweils eine Einschätzung zur Projektlandschaft auf der Ebene Ihres **gesamten Unternehmens** vorzunehmen. Beziehen Sie ihre Antworten daher bitte **nicht auf einzelne Bereiche**, z.B. die Produktentwicklung, sondern versuchen Sie eine Einschätzung basierend auf **sämtlichen Aktivitäten** Ihres Unternehmens vorzunehmen. Dazu gehören sowohl Bereiche, in denen in der Regel viele Projekte durchgeführt werden, als auch Bereiche, wo dies weniger der Fall ist.

3. In welchem Umfang finden die nachfolgenden **Projektarten** in Ihrem Unternehmen Anwendung?

	Kommt überhaupt nicht zur Anwendung						*Kommt sehr häufig zur Anwendung*
Intern: Organisations- / HR-Projekte	☐	☐	☐	☐	☐	☐	☐
Intern: IT-Projekte	☐	☐	☐	☐	☐	☐	☐
Intern: F&E- / Neuproduktionsentwicklungsprojekte	☐	☐	☐	☐	☐	☐	☐
Intern: Marketing- / Vertriebsprojekte	☐	☐	☐	☐	☐	☐	☐
Intern: Infrastrukturprojekte	☐	☐	☐	☐	☐	☐	☐
Extern: Kunden- / Auftragsprojekte	☐	☐	☐	☐	☐	☐	☐

// Hinweis: Nur wenn der Befragte weitere Projektarten nennen sollte, aber nicht gestützt abfragen! //

Andere und zwar: ______________________________

4. Welchen durchschnittlichen **Umfang** haben **Projekte** in Ihrem Unternehmen (nach Anzahl Mitarbeiter und Projektbudget)?

	Durchschnittliche Anzahl an Mitarbeitern pro Projekt
	Mio. EUR Projektbudget (im Durchschnitt)

5. Wie lang ist die durchschnittliche **Dauer** der Projekte?

	Anzahl Monate

6. Gibt es in Ihrem Unternehmen eine zentrale **Projektorganisation**?

❑ Ja ❑ Nein *// Filter: Wenn nein, weiter mit Frage 8 //*

7. Falls ja, gibt es ein **Projektmanagement Office (PMO)**?

❑ Ja ❑ Nein

8. Inwieweit treffen die folgenden Aussagen zu **Karrieremöglichkeiten im Projektmanagement** auf Ihr Unternehmen zu?

	Trifft überhaupt nicht zu						*Trifft voll und ganz zu*
In unserem Unternehmen gibt es einen ausdifferenzierten Karrierepfad im Projektmanagement	❑	❑	❑	❑	❑	❑	❑
Die Karrierepfade im Projektmanagement in unserem Unternehmen sind klar definiert und transparent	❑	❑	❑	❑	❑	❑	❑
Konkrete Karrierepfade gibt es bei uns nur in der Linie	❑	❑	❑	❑	❑	❑	❑

[B.2 WERT DER PROJEKTARBEIT]

9. Wie hoch ist der prozentuale Anteil der in Ihrem Unternehmen geleisteten **Arbeitszeit**, die auf Projekte / Projektarbeit entfällt? Wie groß war dieser Anteil **vor 5 Jahren**, und wie groß wird er Ihrer Einschätzung nach **in 5 Jahren** sein? *(bitte so gut wie möglich einschätzen!)*

Stand heute (Bezugspunkt Jahr 2022)	Früher (d.h. vor fünf Jahren)	In Zukunft (d.h. in fünf Jahren)	
			Anteil der entfallenen Arbeitszeit für Projekte an der Gesamtarbeitszeit aller Mitarbeiter (in %)

10. Wie hoch war im letzten Jahr (2021) der Anteil des über Projekte (externe bzw. Auftragsprojekte) erzielten **Umsatzes** am Gesamtumsatz in Ihrem Unternehmen?

	Anteil des über Auftragsprojekte erzielten Umsatzes am Gesamtumsatz (in %)

[B.3 PROJEKTINTENSITÄT]

11. Es folgen einige Aussagen zur **Intensität der Projektarbeit** in Unternehmen. Inwieweit treffen diese auf Ihr Unternehmen zu?

	Trifft überhaupt nicht zu						*Trifft voll und ganz zu*
Unser Unternehmen ist durch eine hohe Projekttätigkeit gekennzeichnet	❑	❑	❑	❑	❑	❑	❑
Die meisten Tätigkeiten in unserem Unternehmen werden innerhalb von Projekten umgesetzt	❑	❑	❑	❑	❑	❑	❑
Die meiste Arbeitszeit in unserem Unternehmen wird in Projekte investiert	❑	❑	❑	❑	❑	❑	❑
Ein Großteil der in unserem Unternehmen geleisteten Arbeitszeit entfällt auf Projekte	❑	❑	❑	❑	❑	❑	❑
Projekte haben in unserem Unternehmen insgesamt eine hohe Bedeutung	❑	❑	❑	❑	❑	❑	❑
Projekte werden in unserem Unternehmen zur Umsetzung der Strategie eingesetzt	❑	❑	❑	❑	❑	❑	❑
Die Projektintensität in unserem hat sich durch die Corona-Pandemie stark erhöht	❑	❑	❑	❑	❑	❑	❑
Der Digitalisierungsgrad in unserem Unternehmen hat sich während der Corona-Pandemie stark erhöht	❑	❑	❑	❑	❑	❑	❑

[B.4 PROJEKTERFOLG]

12. Wie viele Projekte in Ihrem Unternehmen erreichen Ihrer Einschätzung nach über die Gesamtheit aller Projekte ihre **Ziele** in Bezug auf:

	Keines						*Alle*
Zeiteinhaltung	❑	❑	❑	❑	❑	❑	❑
Kosteneinhaltung	❑	❑	❑	❑	❑	❑	❑
Ergebnis / Qualität	❑	❑	❑	❑	❑	❑	❑
Stakeholderzufriedenheit	❑	❑	❑	❑	❑	❑	❑
Ziele insgesamt	❑	❑	❑	❑	❑	❑	❑

[B.5 UNTERNEHMENSPERFORMANCE]

13. Wie hat Ihr Unternehmen in den letzten drei Jahren bei folgenden Indikatoren **im Vergleich zum Durchschnitt Ihrer Branche** abgeschnitten?

	Sehr viel schlechter						*Sehr viel besser*
Kundenzufriedenheit / Reputation	❑	❑	❑	❑	❑	❑	❑
EBIT (Gewinn vor Zinsen und Steuern)	❑	❑	❑	❑	❑	❑	❑
Umsatzrendite	❑	❑	❑	❑	❑	❑	❑
Marktanteil	❑	❑	❑	❑	❑	❑	❑
Entwicklung innovativer Produkte und / oder Dienstleistungen	❑	❑	❑	❑	❑	❑	❑
F&E Aufwendungen	❑	❑	❑	❑	❑	❑	❑
Erreichung der Unternehmens- / Organisationsziele	❑	❑	❑	❑	❑	❑	❑

C. Angaben zum Unternehmen und zum Befragten

14. In welchem **Bereich / Abteilung** sind Sie tätig?

- ❑ Geschäftsführung
- ❑ Projekt Management Office (PMO)
- ❑ Controlling
- ❑ Andere: ______________________________

15. Welche **Position** nehmen Sie in Ihrem Unternehmen ein?

- ❑ Geschäftsführung / Vorstand
- ❑ Teamleitung
- ❑ Assistenz Geschäftsführung
- ❑ Bereichs- / Abteilungsleitung
- ❑ Mitarbeiter Fachabteilung
- ❑ Andere: ______________________________

16. Wie **alt** ist Ihr Unternehmen?

[ ] *Anzahl Jahre*

17. Für das Jahr 2021, welchen prozentualen Anteil Ihres Gesamtumsatzes wendete Ihr Unter-nehmen für **Innovationsaktivitäten** bei Produkten und / oder Dienstleistungen auf? *(Bitte so gut wie möglich einschätzen!)*

[ ] *Anteil der Aufwendungen für Innovationen am Gesamtumsatz (in %)*

18. Nachfolgend werden einzelne Positionen Ihrer **Gewinn- und Verlustrechnung (GuV)** für das Jahr 2021 abgefragt:

[ ] *Mio. EUR Gesamtumsatz*

[ ] *Mio. EUR Jahresüberschuss (letzter Posten der GuV)*

Gerne übermitteln wir Ihnen auf Wunsch nach Fertigstellung den **Ergebnisbericht**.
Bitte geben Sie uns dazu Ihren vollständigen Namen und Ihre E-Mailadresse an.

Nachname, Vorname: ______________________________

E-Mail: ______________________________

Literaturverzeichnis

GPM: Gehalt und Karriere im Projektmanagement 2013, Nürnberg / Wiesbaden 2013.

GPM: Gehalt und Karriere im Projektmanagement 2013, Nürnberg / Wiesbaden 2015b.

GPM: Gehalt und Karriere im Projektmanagement 2013, Nürnberg / Wiesbaden 2017.

GPM: Gehalt und Karriere im Projektmanagement 2013, Nürnberg / Wiesbaden 2019.

GPM: Makroökonomische Vermessung der Projekttätigkeit in Deutschland, Nürnberg / Wiesbaden 2015a.

Hanisch, B./Wald, A.: A Project Management Research Framework Integrating Multiple Theoretical Perspectives and Influencing Factors. Project Management Journal, 2011, Nr. 42, S. 4-22.

Hanisch, B./Wald, A.: Effects of Complexity on the Success of Temporary Organizations: Relationship Quality and Transparency as Substitutes for Formal Coordination Mechanisms. Scandinavian Journal of Management, 2014, Nr. 30, S. 197-213.

Jalkala, A./Cova, B./Salle, R./Salminen, R. T.: Changing project business orientations: Toward a new logic of project marketing. European Management Journal, 2009, Nr. 28, S. 124–138.

Jacobsson, M./Jałocha, B.: Four images of projectification: an integrative review", International Journal of Managing Projects in Business, 2021 14. Jg. Nr. No. 7, S 1583-1604.

Rump, J., und Schnabel, F.: Projektwirtschaft. Eine Vermessung, in: GPM Deutsche Gesellschaft für Projektmanagement e. V. (Hrsg.): mehrWert Projektmanagement. Chancen zum Wachsen nutzen. Institut für Beschäftigung und Employability (IBE) im Auftrag von HAYS, S. 26-35, Nürnberg 2010.

Schoper, Y.G./Wald, A./Ingason, H.T./Fridgeirsson, T.V.: Projectification in Western economies: A comparative study of Germany, Norway and Iceland. International Journal of Project Management, 2018, 36. Jg, Nr 1, S. 71-82.

Sydow, J./Lindkvist, L./DeFillippi, R.: Project-based organizations, embeddedness and repositories of knowledge. Organization Studies, 2004, Nr. 25, S. 1475–1489.

Statistisches Bundesamt: Volkswirtschaftliche Gesamtrechnungen, Inlandsproduktberechnung, Fachserie 18, Reihe 1.1, ,2023.

Statistisches Bundesamt: Klassifikation der Wirtschaftszweige, Ausgabe 2008 (WZ 2008), Wiesbaden 2007.

Wald, A./Wagner, R./Schneider, C.: Mit Projekten Unternehmen erfolgreich führen: Zur strategischen Bedeutung des Projektmanagements. Der Betriebswirt, 2012, Nr. 53 (4), 15-20.

Wald, A./Aguilar Velasco, M.M./Torbjørn, B./Grønvold, A./Skeibrok, J.,/Svensson, F.L.: Projektifizierung auch im Norden: Der Anteil der Projektarbeit in Deutschland und Norwegen im Vergleich. Projektmanagement aktuell, 2016, 27. Jg., Nr. 4, S. 50–55.

Whitley, R.: Project-based firms: New organizational form or variations on a theme? Industrial and Corporate Change, 2006, Nr. 15, S. 77–99.

Abbildungsverzeichnis

Abb. 1: Die zugrunde gelegte Definition des Begriffs „Projekt" 14
Abb. 2: Unternehmensgröße nach Anzahl der Mitarbeiter 17
Abb. 3: Unternehmensgröße nach Umsatz 18
Abb. 4: Jahresüberschuss 19
Abb. 5: Aufwendungen für Innovationsaktivitäten 2022 gemessen am Umsatz 20
Abb. 6: Altersverteilung der Unternehmen 21
Abb. 7: Position der Befragten 22
Abb. 8: Tätigkeitsbereich der Befragten 23
Abb. 9: Entwicklung des Anteils Projektarbeitszeit an der Bruttowertschöpfung von 2008 bis 2027 29
Abb. 10: Projekterfolg nach Wirtschaftsbereichen 31
Abb. 11: Die Ausprägungen des Projekterfolgs 32
Abb. 12: Aussagen zur Projektintensität 33
Abb. 13: Projektintensität nach Wirtschaftsbereichen 34
Abb. 14: Projekterfolg und Projektintensität 35
Abb. 15: Strategie, Corona-Pandemie und Digitalisierung nach Unternehmensgröße 36
Abb. 16: Projekteigenschaften 37
Abb. 17: Projektarten differenziert nach Wirtschaftsbereichen 38
Abb. 18: Existenz einer zentralen Projektorganisation (mit und ohne PMO) 39
Abb. 19: Zentrale Projektorganisation nach Wirtschaftsbereichen 40
Abb. 20: Zentrale Projektorganisation und Projekterfolg 41
Abb. 21: Karrieremöglichkeiten im Projektmanagement 42
Abb. 22: Karrieremöglichkeiten nach Wirtschaftsbereichen 43

Tabellenverzeichnis

Tab. 1: Geschichtetes Zufallsauswahlverfahren 16
Tab. 2: Bruttowertschöpfung nach Wirtschaftsbereichen 26
Tab. 3: Anteil der Projekttätigkeit an der Gesamtarbeitszeit in den 10 Wirtschaftsbereichen 27